NOTICE

SUR LES

LES TERRAINS D'ATTERRISSEMENT.

ET EN PARTICULIER SUR LES BUTTES COQUILLIÈRES

DE SAINT-MICHEL-EN-L'HERM,

PAR A. RIVIÈRE.

(Extrait du Dictionnaire pittoresque d'Histoire naturelle.)

NOTICE

SUR

LES TERRAINS D'ATTERRISSEMENT.

On désigne sous le nom de Plage la pente douce qui forme la séparation des terres et des mers ; tandis qu'une falaise (pl. 1 , fig. 1 et 2) est une côte terminée par des escarpemens. Dans l'un et l'autre cas, on appelle côtes les parties de terre qui avoisinent les mers. Lorsque des portions de terre qui s'élèvent au milieu des eaux sont trop petites pour être appelées îles, ilots, ou lorsque, sans être tout-à-fait à découvert, elles approchent assez de la surface des eaux pour gêner la navigation, on leur donne le nom de bancs, si elles sont formées de matières meubles sur lesquelles les embarcations pourraient échouer, et celui d'écueils ou de récifs (fig. 3), si elles sont formées de matières cohérentes sur lesquelles les embarcations pourraient se briser. Cependant les écueils sont plus particulièrement des rochers isolés au milieu des eaux, et les récifs des espèces de bandes qui se trouvent le long des terres, auxquelles ils tiennent ou bien dont ils ne sont séparés que par de petits bras de mer. On distingue enfin des Plages de rochers (fig. 5), des Plages de galets (pl. 2, fig. 1), des Plages de sable et des Plages de vase (fig. 2).

Les phénomènes qui se rapportent aux Plages étant plus ou moins liés avec ceux des falaises, des atterrissemens, des dunes, etc., nous devons traiter ici les principales questions qui se rattachent aux uns et aux autres.

Les vagues qui viennent frapper les rivages de la mer, sont, dans certaines localités, des agens continuels et puissans de destruction, tandis que, dans d'autres, elles élèvent des barrières contre elles-mêmes. Leur action destructive se fait notamment sentir quand les roches sur lesquelles les vagues se précipitent sont composées de matériaux tendres, et lorsqu'elles s'élèvent, un peu en escarpement, au dessus du niveau de la mer. On observe, au contraire, leur influence protectrice principalement sur des rivages dont le sol est uni et horizontal, et en travers de l'embouchure d'une vallée, aux deux flancs de laquelle se trouve quelque masse de roches dures capable de servir de point d'appui aux deux extrémités d'un banc.

La dégradation de différentes côtes toutes formées de roches d'une égale dureté, est presque constamment en raison de l'étendue de mer ouverte à laquelle ces côtes sont exposées, les autres circonstances étant d'ailleurs égales. La configuration de la plupart des côtes est déterminée par la dureté des roches qui les composent ; les couches les plus tendres cèdent promptement à l'action des brisans qui viennent les frapper, au lieu que les roches les plus dures demeurent inattaquables pendant un plus long espace de temps. Si les roches qui forment une côte sont stratifiées, l'action des vagues sur elles dépend beaucoup de leur sens d'inclinaison relativement à la direction des brisans. Les produits de ces dégradations des rivages opérées par les brisans, doivent éprouver ensuite différens genres d'action, suivant leur poids, leur forme et leur solidité. Les marées ou les courans en entraîneront tout ce qu'ils seront capables de transporter, et le reste demeurera sur le rivage, sous l'influence immédiate des brisans, qui tendent constamment à les réduire en plus petits fragmens et enfin en sable.

Dans la destruction d'un escarpement composé de parties d'inégale dureté, il arrive assez souvent que les portions les plus dures, quand elles sont volumineuses, restent à la base de l'escarpement, pour le défendre de l'action des brisans.

Parmi les roches non stratifiées, la dureté est tellement variable, qu'elles présentent souvent à la mer un front inégal, résultant de ce que la décomposition et la destruction sont plus faciles dans certaines parties que dans d'autres. Les veines d'une substance ou d'une roche qui en traverse une autre, ont généralement une texture et une solidité différentes de celles de la roche qui les renferme ; par conséquent rien n'est plus fréquent sur les rivages de la mer que de voir ces veines former des saillies à l'extérieur ou présenter des cavités résultant de leur destruction.

Lorsque, sur des Plages formées de galets ou de sables, mais plus particulièrement de galets, la masse des fragmens est en partie soulevée et tenue momentanément en suspension par les brisans durant une forte tempête, l'action des vagues est très-considérable, même sur les roches les plus dures, au point que ces Plages sont parfois rasées presque jusqu'au niveau ordinaire de l'Océan. Dans les localités exposées à l'action de la mer, les eaux creusent souvent des trous au milieu des roches, suivant que des circonstances locales portent les vagues plutôt dans une direction que dans une autre, ou par suite de la dureté moindre de différentes portions de la roche, ou bien encore de sa texture et de sa composition. Après avoir formé une cavité, dont la voûte ne s'élève pas ordinairement au dessus des hautes eaux, la mer travaille quelquefois à s'ouvrir un passage à l'extrémité intérieure, ce qui a lieu, en partie, au moyen de l'air comprimé et refoulé par chaque vague qui se précipite dans la cavité.

Souvent, sur certaines côtes, on entend un bruit terrible : c'est la mer en fureur qui s'élance spontanément, franchit ses barrières, fracasse les flancs des rochers et qui semble arriver, en écumant et par bonds, pour niveler et anéantir tout ce qu'elle rencontre sur son passage. Elle s'est creusé de profonds sillons et d'immenses cavités, où les flots bouillonnans entrent avec un bruit sourd et font trembler les rochers. Il y a même du danger à s'approcher trop du bord de la falaise; car d'énormes blocs, après avoir été minés;

n'ayant plus de support, ou bien ne pouvant plus résister à l'impétuosité des vagues , tombent dans l'abîme avec un fracas épouvantable, et parfois restent suspendus entre d'autres écueils. Tantôt ces masses colossales se trouvent fixées solidement, tantôt elles paraissent s'être accrochées, comme par miracle et devoir crouler au moindre balancement ou au premier choc de l'eau. Ainsi , sur une vaste étendue de récifs, on voit d'immenses excavations dans lesquelles les flots pénètrent avec violence pour sortir à vingt pas de là ; puis on distingue une infinité de rochers représentant des cavernes, des portiques, des obélisques, des colonnades, des dolmens, des menhirs et toutes sortes de monumens simples et irréguliers, mais quelquefois de dimensions gigantesques.

Certaines roches contiennent souvent des nodules d'une autre substance, de manière à posséder la structure amygdaloïde ; l'eau, l'air, par action mécanique, ainsi que par action chimique, détachent le nodule, ce qui donne naissance à une petite cavité. Celle-ci s'agrandit chaque jour, et avec le temps et l'impétuosité des flots, elle finit par former une excavation plus ou moins grande et les accidens variés que nous avons mentionnés ci-dessus.

Quand nous considérons l'action des flots sur les rivages de la mer , généralement nous n'avons point en vue de parler des envahissemens qui sont toujours produits par de grandes marées, et, quelquefois, à la suite de violentes tempêtes. Lorsque les eaux sortent ainsi de leur lit, elles produisent presque constamment des inondations terribles ; car en rompant leurs barrières, elles détruisent à peu près tout ce qu'elles rencontrent sur leur passage ; elles creusent certains points, tandis qu'elles en comblent d'autres. Au reste, ces phénomènes désastreux ne sont pas très-fréquens et sont ordinairement dus à des tempêtes ou à des tremblemens de terre.

Lorsque le rivage de la mer est une plage de galets, on observe, durant les tempêtes, que chaque brisant est plus ou moins chargé des matériaux qui composent là plage ; les galets sont projetés aussi loin que la vague peut les porter, et dans leur choc sur la plage, ils en poussent devant eux beaucoup d'autres que le brisant n'a pas tenus momentanément en suspension. Il en résulte, notamment dans les plus hautes marées, que des galets sont projetés sur le sol au-delà des limites du mouvement rétrograde des vagues. C'est au moyen de l'action combinée des violentes tempêtes et des hautes marées que se produisent les plages les plus élevées. A la vérité, les mêmes causes forment quelquefois des brèches dans les remparts qu'elles ont élevés contre elles-mêmes, mais elles ne tardent pas à les réparer.

Il est évident que, s'il s'est produit une grande accumulation de galets sur un rivage pendant la marée montante, le reflux ne peut enlever au sol tout ce que le flux y a apporté. Dans les temps calmes, et pendant les marées basses, il se forme sur le rivage plusieurs petits bancs de galets, qui sont plus tard emportés par une tempête ; et en voyant ainsi disparaître ces bancs, un observateur peu exercé pourrait supposer que la mer détruit, sur cette côte, les plages qui la bordent ; mais avec plus d'attention on ne tarde pas à reconnaître que les galets, entraînés de la place où ils avaient été d'abord déposés, se sont bientôt accumulés ailleurs. Ces remarques ne s'appliquent pas aux localités dans lesquelles la mer, durant les tempêtes, vient frapper jusqu'aux escarpemens, d'où la vague en se retirant emporte tout devant elle, mais à ces nombreux rivages, où les brisans n'éprouvent pas de résistance, et ne viennent frapper que sur le plan plus ou moins incliné d'un banc de galets. Dans les cas même où les vagues, pendant de fortes tempêtes et de hautes marées, atteignent les escarpemens, et, en se retirant, emportent pour un moment les bancs de galets qui s'étaient accumulés, il est curieux de voir avec quelle promptitude ceux-ci se reforment, lorsque le temps est calme, et que les brisans, n'ayant plus une force aussi puissante, cessent de venir frapper les escarpemens situés en deçà du rivage.

Les bancs de galets amoncelés sur le rivage de la mer, ont un mouvement de progression dans la direction des vents dominans ou de ceux qui produisent les plus forts brisans. La mer y élève une barrière contre elle-même, et laisse souvent un espace libre entre elle et l'escarpement qu'elle attaquait auparavant. Cet espace, dans des circonstances favorables, se couvre d'une végétation appropriée à ce genre de position, et quelquefois même les escarpemens sont couverts des végétaux ordinaires aux côtes de la mer, quand ils peuvent y prendre racine. On construit parfois des ouvrages pour arrêter les bancs, soit pour protéger la contrée qui se trouve derrière eux, soit pour empêcher qu'ils ne franchissent les môles qui forment des ports artificiels. Afin d'y parvenir, le plus grand soin des ingénieurs est de se mettre en garde contre la tendance qu'ils ont à s'avancer dans la direction de certains vents. Cette marche progressive des bancs est loin d'être rapide, et ne peut être que proportionnée à la prédominance de tel vent plutôt que de tel autre, en force et en durée; de plus, les galets dans leur marche doivent devenir plus menus, et il en résulte que les plus durs seulement sont susceptibles d'être emportés à des distances considérables.

Les brisans ont aussi un autre genre d'action, comparable à celle d'un coin dans les endroits où de gros blocs difficiles à ébranler sont mêlés de pierres plus petites et faciles à transporter. Un banc de cette nature acquiert parfois beaucoup de solidité; car souvent les plus petits morceaux sont introduits au milieu des plus gros et serrés si fortement contre eux, qu'il faut une très-grande force, et même une fracture, pour les enlever.

Quoique les bancs de galets prennent dans leurs déplacemens la direction principale des brisans les plus violens, il paraîtrait que nous n'avons aucune preuve évidente qu'ils soient jamais entrainés loin des continens ou dans les profondeurs de l'Océan, mais qu'au contraire les vagues de la mer tendent toujours à les jeter sur les côtes, ce qui a lieu, soit dans le cas où ils sont formés de matériaux provenant des continens, soit quand ils renferment seulement des coraux, des coquilles et des plantes-marines, qui sont des produits de la mer elle-même. Dans les contrées tropicales, on trouve plusieurs îles et récifs de madrépores (planche 1, figure 4), qui, du côté le plus exposé aux vents dominans, sont protégés par des bancs formés de débris et même de gros rochers de coraux.

Dans la plupart des bancs de galets, particulièrement dans ceux qui protégent une grande étendue de pays plat, le côté qui regarde la mer est bordé par une ligne formant une arête tout le long du banc. Au dessus de cette ligne le banc fait généralement un angle considérable avec les sables, dans le cas où la plage est unie et sablonneuse. Lorsque, à marée basse, les bancs de galets ne sont pas entièrement à découvert, la sonde indique des fonds de sable, de coquilles et de graviers très-fins à une petite distance du rivage, à moins que le fond ne soit de rocher. D'après cela, si les continens ou les îles qui existent aujourd'hui venaient à s'élever au dessus, ou bien à s'abaisser au dessous du niveau actuel de l'Océan, on verrait probablement que les bancs de galets amassés sur les rivages bordent seulement les continens.

Les observations faites sur les Plages de galets, s'appliquent en grande partie à celles qui sont composées de sables. Le sable provient, soit des détritus apportés par les rivières, soit du frottement des cailloux qui bordent le rivage les uns contre les autres, soit enfin immédiatement des sables et des grès ou de toute autre roche de la terre ferme. Les brisans que nous avons vus former des amas de galets sur les côtes, ont une égale tendance à y amonceler les sables. Mais les sables, étant bien plus légers ,

peuvent être transportés par des marées de côte,
ou par des courans dont la rapidité serait insuffi-
sante pour déplacer des galets. D'un autre côté cependant, il faut des forces moindres, et des masses
d'eau moins considérables pour amener le sable
sur le rivage. Le léger flot qui ne pourrait transporter un galet, est capable de charrier du sable,
et par conséquent le sable peut être, et est en effet
porté bien au-delà des points où le reflux de la
vague se fait sentir. Quand la marée est basse ou
la mer peu agitée, du sable, desséché par le soleil
ou par les vents, est souvent transporté par ces
derniers à de grandes distances, au point qu'il a
recouvert quelquefois des contrées entières.

Lorsque des amas de sable ainsi transportés suffi-
sent pour former des collines, on les appelle Dunes.
On nomme donc dunes (pl. 3, fig. 3) des monticules de sable qui se trouvent dans certaines localités sur les bords de la mer. Elles affectent des
formes arrondies, et contiennent des débris d'a-
nimaux et de végétaux. En général, les monticules
s'étendent dans le sens d'une ligne tirée de la côte
vers l'intérieur des terres, et toujours suivant la
direction du vent de mer qui domine dans la localité. Mais ces monticules, étant placés les uns à
côté des autres, et liés entre eux, forment des
groupes ondulés qui longent habituellement les
côtes, ou bien qui dessinent dans l'intérieur des
terres les contours d'anciens rivages; au surplus,
tout ce qui est relatif à la configuration des montagnes, peut s'appliquer en petit à l'orographie des
dunes. Ainsi nous y verrons des vallées plus ou moins
humides, dont le sol s'entr'ouvre parfois sous les
pas des voyageurs : dans ce cas on les nomme

tremblans, blouses, bedouses, etc.; nous y verrons aussi des déserts, des oasis, des étangs, des cours d'eau, etc.; nous y verrons enfin une nature généralement stérile et montrant peu de fixité. Les oasis ont très-souvent une liaison intime avec les dunes; aussi appelle-t-on oasis (pl. 3, fig. 4) un point plus ou moins fertile qui se trouve au milieu d'un pays désert et sablonneux.

Les dunes sont plus ou moins communes sur tout le globe, derrière les rivages ou Plages de sable. Le golfe de Biscaye offre un exemple frappant des progrès de masses de sables ainsi transportées dans l'intérieur des terres. Sa côte orientale a été entièrement envahie par les sables qui continuent à couvrir de grandes étendues de pays. Elles poussent devant elles des lacs d'eau douce formés par les pluies qui ne peuvent trouver un passage jusqu'à la mer. Forêts, terres cultivées, maisons, tout est enveloppé et englouti par elles. Il y a plusieurs villages, connus au moyen âge, qui ont été recouverts; et dans le département des Landes seul, il y en a actuellement dix qui sont menacés de la destruction. Un de ces villages, appelé Mimisan, a lutté pendant vingt ans contre les dunes, et on voit s'avancer chaque jour contre lui une montagne de sable de plus de 60 pieds de hauteur. En 1802, les lacs envahirent cinq belles fermes dépendant de la commune de Saint-Julien. Ils ont depuis long-temps recouvert un chemin romain qui conduisait de Bordeaux à Bayonne, et qu'on voyait encore il y a environ quarante ans, quand les eaux étaient basses. L'Adour, qui autrefois coulait par le Vieux-Boucaut, et se jetait dans la mer au cap Breton, est aujourd'hui détourné de son lit, de plus de mille toises. M. Bremontier a calculé que ces dunes avancent de 60 et même de 72 pieds par année. Nous parlerons dans un autre ouvrage des particularités que présentent les dunes de la Vendée et certaines alluvions.

Dans des circonstances favorables, les sables transportés du rivage dans l'intérieur des terres, parviennent à se consolider. On en voit un bon exemple sur la côte nord de Cornouailles, où les matières accumulées sont formées de débris de coquilles. Leur consolidation s'effectue principalement au moyen de l'oxide de fer. Par suite de la succession des époques auxquelles il s'est déposé, ce grès calcaire est stratifié, et de temps en temps on y trouve interposés des restes de végétaux. Il y a eu des maisons englouties, ainsi que des cimetières, et par conséquent des restes humains. La solidité d'une pareille roche est si grande, qu'on y a creusé des cavernes dans une falaise, pour y mettre des embarcations à l'abri. On l'a aussi employé dans les travaux de construction; les escarpemens élevés et formés de cette roche récente, sont traversés çà et là par des veines de brèche. Dans les cavités, on voit pendre à la voûte des stalactites calcaires, opaques, d'apparence grossière et de couleur grise. Le rivage est couvert de fragmens qui se sont détachés des escarpemens supérieurs, et dont plusieurs sont du poids de deux à trois tonneaux.

On trouve des dunes consolidées dans différentes parties du monde. Péron en cite dans la Nouvelle-Hollande; et la roche de la Guadeloupe, où l'on a trouvé des restes humains, paraîtrait appartenir à la même classe. Ces ossemens humains ont été découverts au port du Moule, dans un banc durci et composé de débris de coquilles et de coraux. L'échantillon que nous avons vu au Musée britannique, est formé de corail et de petits fragmens de calcaire compact. M. Hœning y a observé un *Millepora miniacea*, et des coquilles que l'on rapporte à l'*Helix acuta* et au *Turbo pica*. L'échantillon qui est au Jardin du Roi à Paris présente une gangue de travertin contenant des coquilles de la mer voisine et des coquilles terrestres, spécialement le *Bulimus Guadalupensis* de Férussac. Près de Messine, on voit un sable qui s'est consolidé sur la plage, et que l'on emploie aujourd'hui pour bâtir. On a reconnu que les cavités qu'on forme dans ce dépôt sableux pour en extraire des matériaux ne tardent pas à se remplir de nouveau de sable, qui lui-même se consolide et est employé à son tour. Il serait inutile d'accumuler ici des faits concernant ces différens amas de sables mouvans, où l'on trouve souvent des débris de matières végétales qu'ils ont successivement recouvertes.

L'action des vagues sur les côtes tend à troubler le fond de la mer à une certaine profondeur, et à y remuer les coquilles, les sables et autres substances dont ce fond est composé, pour les rejeter sur la Plage. Il paraît qu'on n'a jamais déterminé bien exactement jusqu'à quelle profondeur s'étend cette action des vagues pour remuer le fond de la mer; et, en effet, on conçoit que cette détermination doit être extrêmement difficile, la puissance des vagues, en général, étant constamment variable. On a quelquefois admis la profondeur de 90 pieds, ou 15 toises, comme étant la limite à laquelle cesse l'action des vagues sur le fond de la mer ; mais cette fixation aurait besoin d'être confirmée. Autour des côtes et sur le rivage où la profondeur n'excède pas 10 ou 12 toises , on a une preuve évidente de cette action des vagues sur le fond, par le changement de couleur de l'eau pendant les gros temps ; car les eaux ne deviennent troubles que parce que les vagues remuent le fond de la mer d'autant plus que cet effet est plus marqué , suivant qu'il y a moins de profondeur , soit en approchant du rivage, soit que l'eau devient moins profonde sur les bas-fonds. La force de transport des vagues sera donc en proportion de la profondeur de l'eau qu'elles ont au dessous d'elles , leur action la plus puissante devant être dans les endroits moins profonds. Les vagues tendent à accumuler des substances sur les côtes , parce que les vents de terre produisent des vagues plus faibles que les vents qui portent au rivage. Sur les bas-fonds éloignés des continens , les effets seront un peu différens, et la puissance des vagues , pour enlever et pousser des sables devant elles , sera le plus considérable du côté où les vents sont les plus violens et soufflent le plus habituellement. Les bas-fonds ou les bancs doivent aussi être sujets à changer de position , quand des eaux troubles arrivant vers leurs parties supérieures, sont poussées audelà du côté qui est à l'abri du vent. Aussi, trouvons-nous que ces déplacemens ont lieu surtout dans les bancs qui sont près de la surface , à moins qu'un courant ou les marées n'opposent de l'autre côté une résistance égale.

Les amas de détritus que les vagues accumulent

sur les rivages de la mer, dans la direction de leur plus grande force, et qui rejettent quelquefois de côté l'embouchure des rivières, ne sont pas les seuls résultats de leur action sur les côtes. Elles forment aussi, devant l'embouchure des rivières, des barres, qui rendent la navigation dangereuse, parfois même impossible, quoique ces rivières en deçà des barres, puissent avoir une profondeur et une largeur considérables. Dans quelques localités, les barres sont en partie laissées à sec durant la marée basse; dans d'autres, elles ne sont jamais découvertes, mais leur position est toujours reconnaissable par le bouillonnement des vagues qui viennent s'y briser. Dans beaucoup de cas, les barres sont sujettes à changer de position, notamment après une forte bourrasque.

Lorsque les rivières sont petites, la force des vagues obstrue souvent leur embouchure, et il faut avoir recours à des moyens artificiels pour faire écouler les eaux, qui autrement donneraient naissance à un lac dans la partie basse de la contrée, derrière le banc formé. Si la digue est un banc de galets, l'eau filtre ordinairement au travers; au contraire, si elle est composée de sable, l'eau s'accumulera derrière jusqu'à ce que son niveau soit assez élevé pour qu'elle puisse se frayer un passage et s'écouler. Après cet écoulement, la brèche se bouchera de nouveau et donnera lieu à une nouvelle accumulation d'eau derrière la digue, et ainsi de suite. Mais en même temps, le niveau de la plaine devra s'élever, d'abord au moyen des dépôts amenés par les eaux de la rivière, et en outre monter par le sable rejeté en dessus de la digue. Dans un terrain d'alluvions semblables, on doit s'attendre à trouver des restes de coquilles terrestres, fluviatiles et même marines.

Les rivières sont détonrnées de leurs cours, à leur embouchure, par des bancs qui s'étendent à partir de l'une des rives, et qui sont produits par les vens et les brisans. Les uns et les autres concourent à pousser en avant les détritus composés de sables et de débris de coquilles; mais les brisans seuls peuvent agir sur les galets, si ce n'est sur de très-petits, quand, se trouvant élevés à l'extrémité des plus fortes vagues, le vent peut les saisir et les chasser devant lui.

Lorsque les rivières sont détournées de leur cours par des bancs que la mer a formés sur une de leurs rives, elles se jettent généralement dans la mer du côté opposé qui est bordé d'escarpemens, et qui semble leur offrir le plus de facilité pour s'y creuser un lit.

Sous les tropiques, les brisans élèvent souvent des barrières contre l'envahissement des bois de mangliers, soit dans une baie profonde ou une crique, soit aux embouchures des rivières, si elles sont soumises à leur influence. Suivant le capitaine Tuckey, la péninsule du Cap Padron, et du promontoire des Shark, a été évidemment produite par la réunion des dépôts combinés de de la mer et du Zaïre; la partie extérieure, ou celle qui borde la mer, est formée d'un sable qui constitue un rivage escarpé, tandis que la partie intérieure, ou celle qui borde la rivière, présente un dépôt de vase tout couvert de mangliers. Les deux rives du fleuve, vers son embouchure, sont aussi de semblable formation, et les baies nombreuses, où l'eau est stagnante, donnent à ces rives l'apparence d'un groupe d'îles. Les forêts de mangliers paraissent s'étendre dans les terres, sur les deux rives, jusqu'à environ sept ou huit milles, et on les représente comme impénétrables. Si la mer n'avait pas élevé là une barrière contre cette forêt, et n'avait pas ainsi travaillé à la garantir de ses propres attaques, elle aurait certainement été détruite.

Des phénomènes semblables, quoique sur une plus petite échelle, se présentent à l'embouchure du Rio-Minho, et de plusieurs autres rivières dans l'île de la Jamaïque. On y voit des masses de sables accumulées sur le rivage de la mer, devant des forêts de Mangliers, avec des circonstances semblables. Dans la même île, dont le côté méridional présente des lacs qui sont formés au milieu d'un banc de galets élevé par la mer, le lac voisin d'Albion a une petite ouverture à travers le banc qui le protége, laquelle permet au surplus de ses eaux de s'échapper : cette eau paraît provenir des pluies qui descendent des montagnes, et aussi de quelques lames que la mer y introduit durant les tempêtes. Les eaux qui viennent des montagnes ont entraîné dans le lac beaucoup de boue, sur laquelle ont poussé des mangliers. Ceux-ci, au moyen de leurs racines, enveloppent diverses substances, et forment un terrain composé de matières minérales, végétales et animales. Un lac bien plus considérable, présentant les mêmes caractères, et rempli d'alligators, se rencontre au pied de la montagne d'Yallah.

Le banc des Palissades, à l'extrémité duquel

se trouve Port-Royal, à la Jamaïque, semble avoir été formé par l'action des brisans dominans dans cette localité et qui sont produits par les vents d'est et du sud-est. Ce banc, de huit à neuf milles de longueur, constitue une falaise peu élevée du côté de la mer, tandis que son côté intérieur est, sur plusieurs points, recouvert de mangliers. Si le passage entre l'extrémité ouest de ce banc et la côte qui lui fait face, venait à être fermé par le prolongement même du banc, il se formerait un lac étendu dans lequel se déchargerait le Rio-Cobre. Les mangliers aideraient beaucoup à la formation d'un nouveau terrain, où viendrait s'enfouir un mélange de débris marins, terrestre et d'eau douce.

Les mangliers favorisent la formation des bancs que la mer accumule sur son rivage, et si un banc prend naissance sur un bas-fond, ils exercent toujours une influence qui tend à augmenter le terrain du côté opposé au vent. Aussitôt que l'abri est formé, les mangliers viennent d'eux-mêmes s'y établir, et accumulent autour de leurs racines, de la vase, de la boüe et toutes sortes de débris flottans. Ainsi le banc primitif est protégé, il s'y accumule sans cesse de nouveaux matériaux, et la masse est encore consolidée, du côté de la mer, par les herbes rampantes; en même temps, le banc continue à s'accroître dessous le vent, jusqu'à ce que le terrain qui touche immédiatement au continent, devenant trop sec pour les mangliers, d'autres arbres, plus appropriés au nouveau sol, viennent les y remplacer.

L'action de l'atmosphère, les fontes de neiges et des glaciers, les éboulemens, et l'action destructive des eaux de rivières , produisent de grandes dégradations à la surface des continens. Des circonstances locales arrêtent une portion considérable de ces détritus ; des lacs en retiennent de grands dépôts , qui plus tard sont entraînés ; des plaines basses sont de temps à autre envahies par des inondations qui laissent des attérissemens. puissans ; la rapidité des courans diminue , et avec elle leur force pour charrier : d'où il résulte que les rivières , quand elles sont courtes et rapides , peuvent entraîner jusqu'au bout une grande partie de leur détritus , tandis que, si elles ont un long cours , elles en abandonnent une grande partie avant leur embouchure. Dans des localités favorables , telles que dans des pays de plaines, elles élèveront leurs lits , lorsqu'elles sont resserrées entre des rives élevées qui ne leur permettent point de changer leur cours , ou d'épancher leurs eaux et de former des dépôts latéralement.

Malgré la tendance des rivières à élever leur lit dans certaines circonstances , il y en a d'autres où elles le creusent. C'est ce qui a lieu quand deux ou plusieurs courans venant à se réunir en une seule rivière, la surface de l'eau , après cette réunion , loin d'être aussi grande qu'étaient celles des deux premiers courans, est au contraire beaucoup moindre. Alors l'action des eaux réunies tend à creuser le canal dans lequel elles coulent ; de sorte que, même avec une diminution dans la pente générale du lit, la rapidité reste égale , ou est augmentée.

On pourrait supposer que toutes les rivières doivent , pendant leurs débordemens , entraîner

des galets jusqu'à la mer. Sans doute elles produisent alors un transport plus considérable qu'elles
n'auraient pu le faire dans le même lit et dans des
circonstances ordinaires ; mais durant les crues,
on peut seulement regarder les rivières comme
étant plus étendues : elles sont par conséquent
toujours soumises aux lois générales des rivières

Dans les calculs de l'accroissement des deltas,
on n'a pas toujours eu soin de tenir compte de la
profondeur générale de l'eau dans laquelle ils se
sont formés. Cette considération est importante,
car on conçoit qu'une moindre quantité de détritus, transportés dans une mer déjà pleine de bas-
fonds, doit y présenter une surface plus étendue
qu'une quantité supérieure de détritus dans des
eaux plus profondes.

Il se forme des deltas, non seulement dans les
localités, où il n'y a ni marée, ni courans impé-
tueux qui empêchent une grande accumulation de
nouvelles terres, comme à l'embouchure du Nil
et du Pô, mais aussi dans beaucoup d'autres où
il y a de petites marées, et même où elles sont
considérables. Les deltas ainsi produits ont sans
doute une grande étendue, et la quantité des
matières végétales et animales qui peuvent y être
enfouies est très-considérable ; mais nous devons
éviter de nous laisser séduire par des mesures
et des comparaisons de longueur, de largeur et
de surfaces de certaines contrées que nous pou-
vons parcourir facilement, et que l'habitude
peut nous faire regarder comme importantes. On
devrait les considérer, eu égard à leur importance relative, comme des portions de continens,
quand on verrait qu'elles ne présentent pas une

surface aussi grande qu'on l'avait d'abord supposé. L'augmentation des deltas correspondra à la quantité des détritus emportés jusqu'à l'embouchure des rivières, et il est évident que la facilité du transport dependra, toutes les autres circonstances étant les mêmes, de la longueur et de la pente du fleuve. Or le cours ayant dû être plus direct et la pente plus rapide, à l'époque où le delta a commencé à se former, on peut en conclure qu'il se déposait des matériaux plus pesans, et que l'accroissement des deltas a dû être plus rapide dans les premiers périodes de leur formation; qu'ensuite cet accroissement a diminué graduellement, à mesure que la pente du lit de la rivière est devenue moins forte; et que son cours a augmenté en longueur, abstraction faite des obstacles sans nombre opposés au courant, par les subdivisions sans cesse multipliées qu'il subit dans ce delta.

Les détritus apportés des contrées supérieures deviendront graduellement moins considérables, par suite de l'égalisation des niveaux et du moindre nombre d'aspérités susceptibles d'être attaquées par les agens mécaniques. Si ces observations, faites dans l'hypothèse de la non-intervention de l'homme, sont exactes, il en résulterait que l'accroissement des deltas doit diminuer graduellement, en supposant que ce soient les seules circonstances qui régissent leur formation. D'un autre côté, on doit reconnaître que les fortes pluies, particulièrement dans les contrées tropicales, tendent à dégrader et à détruire le delta lui-même, et à entraîner à la mer ses détritus, quoiqu'il continue ses accumulations de matériaux sur ses parties les plus élevées. L'abondance de végétaux aquatiques., commune aux extrémités des deltas, semblerait former un obstacle à cette dégradation; néanmoins il y a toujours quelques détritus qui parviennent à s'échapper. Ces extensions que reçoit ainsi un delta sur ses bords extérieurs peuvent ne pas être importantes; mais, en général, elles doivent être en rapport avec la surface du delta; et par conséquent, plus celle-ci est grande, plus elles sont considérables.

Au reste., entre les fleuves, qui, comme le Gange, forment des deltas dans des mers sujettes aux marées, et les fleuves dont l'embouchure est large et ouverte., comme le Maranon, le Saint-Laurent, le Tage et la Tamise, il y a tant de cas intermédiaires et tant de variations dues à des causes locales, qu'il serait très-difficile, et peut-être inutile, de les classer. On doit donc reconnaître, en général, que des fleuves, dans le dépôt de leurs détritus, produisent à leur embouchure ou des deltas ou des golfes, suivant qu'ils participent des caractères du Gange ou du Saint-Laurent. Dans ce dernier cas, les détritus seront disposés suivant le mode de dépôt ou de transport qui a lieu dans des golfes où aboutissent des rivières.

Telles sont les considérations générales que nous voulions donner, afin d'être compris plus tard, et qui ont été puisées en grande partie dans le Manuel de M. de la Bèche ou dans notre Traité de géologie, avant d'exposer les principaux résultats de nos propres observations sur des phénomènes plus ou moins analogues que nous avons étudiés : les pages qui vont suivre doivent donc être regardées comme le complément des précédentes. Dans tous les cas, le lecteur qui désirera un ensemble de faits plus généraux et des théories plus complètes, pourra consulter notre Traité de géologie.

Dans des localités peu éloignées de la mer, mais à des niveaux plus élevés que celui qui est atteint maintenant par les eaux marines, on trouve des dépôts de coquilles identiques à celles qui vivent actuellement dans les mers voisines. Quelquefois ils renferment des ossemens humains ou des traces de l'industrie humaine, et, dans ce cas, nous citerons les buttes coquillières de Saint-Michel en l'Herm (pl. 3, fig. 5 et 6), que nous avons étudiées d'une manière spéciale, et dont nous allons donner une description détaillée ; car ces dépôts sont, aux yeux des géologues, du plus haut intérêt pour les phénomènes de l'histoire moderne du globe terrestre.

Avant toute exposition nous allons donner la définition de plusieurs expressions que nous serons forcés d'employer. On se sert généralement de la dénomination de marais afin de désigner des étendues de terrains couverts d'une assez petite quantité d'eau (pl. 2, fig. 3, et pl. 3, fig. 1 et 2), pour que la végétation puisse s'y développer. Il y a des marais qui sont quelquefois immenses ; dans tous les cas on les distingue ordinairement en marais mouillés, et en marais desséchés ou cultivés, ou bien aussi en marais marins, salans, fluvio-marins, lacustres, etc. Enfin si l'on jette les yeux sur la fig. 2 de la pl. 3, on aura une idée des bossis des marais mouillés, tandis que la fig. 1 de la même pl. représentera ce qu'on appelle un marécage. Pour d'autres détails, qui ne sauraient trouver place ici, par rapport aux limites que nous avons dû nous imposer, nous renverrons à nos ouvrages sur la Vendée.

Saint-Michel en l'Herm est un bourg situé dans les marais desséchés de la Vendée à 5ooo mèt. de l'Aiguillon-sur-Mer et à 14ooo mèt. de Luçon, chef-lieu de canton qui se trouve à la connexion des marais et de la plaine. Saint-Michel est mal bâti ; les pierres employées à la construction appartiennent au calcaire oolithique inférieur, et sont extraites, presque à fleur de terre, des carrières ouvertes dans le village ou les environs. Les maisons sont généralement couvertes avec de la paille, et le combustible dont on se sert pour tous les usages est un mélange de fiente de vache et d'herbe. Quoique réduite à ces moyens, la contrée est riche par le rapport des pâturages et des bestiaux.

Il existe à côté d'un château, qui date de seize cents et quelques années, les ruines d'un ancien couvent qui, à en juger par ses restes, ses belles ogives, devait être fort élégant ; malheureusement pour l'archéologue, il ne paraît plus de traces de l'église. Le couvent était habité par des bénédictins qui avaient pris Saint-Michel pour leur patron ; de là le nom de Saint-Michel resté au pays. Nous ignorons ce que signifie le mot de Herm ; néanmoins nous présumons qu'il exprime une idée topographique, peut-être relative à la position, à la configuration du lieu, lorsque les eaux l'entouraient, avant le desséchement des marais. Toute la contrée imprime un sentiment de tris-tesse par sa nudité, son silence et sa monotonie. Ajoutez à cette particularité le langage, le cos-

tume et les mœurs des naturels, accompagnés
d'un type digne de remarque et d'étude.

Les marais occupent sur les deux rives de
la Sèvre niortaise, sur celles du Lay, sur les côtes
du golfe de l'Aiguillon et du Pertuis breton, depuis
Saint-Liguaire, auprès de Niort, jusqu'à Longeville, une vaste étendue clairement parsemée de
petits îlots calcaires. Cette plage marécageuse,
contenue dans les trois départemens des Deux-
Sèvres, de la Charente-inférieure et de la Vendée,
est bornée, au N. et à l'E., par l'oolithe inférieure;
au S., par l'oolithe moyenne, et à l'O., par l'O-
céan. Sa longueur est de vingt lieues; sa largeur
n'est pas uniforme; mais nous pensons ne point
nous tromper en la réduisant à 12000 mètres. Le
sol des marais est formé d'un limon gras et d'une
glaise infertile de couleur grise tirant sur le bleu ;
il s'enfonce à une très-grande profondeur. Ces
marais se divisent en marais desséchés et en marais mouillés. La première partie, traversée par
des canaux dus à la main de l'homme, se cultive
difficilement ou est consacrée à des prairies; la
dernière est plantée en frênes (*fraxinus excelsus*) et
saules (*salix populus*), qui produisent beaucoup
de bois d'étant. Ici l'hydrophytologie offre vrai-
ment de l'intérêt.

C'est au milieu des marais, entre les îles calcaires de la Dune et de Saint-Michel, à la métai-
rie des chaux que se trouvent, au nombre de
trois, les buttes coquillières. Elles sont placées à
peu près sur une même ligne qui se dirige du N.-O.
au S.-E., à 6000 mètres de la côte actuelle et à
une petite demi-lieue N. du village. Elles ont ensemble 720 mèt. de longueur sur 30 de largeur.

à la base, et depuis 10 jusqu'à 15 mètres de hauteur au dessus des marais. A côté et presque dans la même direction, on voit un banc calcaire isolé, élevé de 12 mètres approximativement, et formé d'oolithe inférieure, disposée en couches sensiblement horizontales, nullement tourmentées et pénétrées seulement d'humidité. Ce banc, qui est assez étendu, paraît arrondi sur ses versans; ses arêtes ne présentent à l'œil aucune déchirure, et par conséquent il ne montre point le *facies* d'une falaise ordinaire, ou récente. Sa base se confond avec la surface à courbure irrégulière d'oolithe inférieure qui passe sous les marais. Le calcaire du banc est compacte, grisâtre et renferme des rognons de sulfure de fer fibreux et radié, des ammonites striées, des encrines rondes ou pentagones, des bélemnites à une gouttière, des térébratules, etc.

Les buttes coquillières sont contiguës et séparées du banc calcaire par un court espace de marais, ce qui donne lieu à une espèce de défilé. Elles paraissent fortement inclinées sur les côtés, arrondies aux sommets; elles se terminent assez brusquement au N.-O. et S.-E., et descendent tout au plus jusqu'à un mètre au dessous de la superficie moyenne du marais, sur lequel elles reposent. On observe facilement cette circonstance au S. en suivant les fossés adjacens; car ils contiennent des bandes de coquilles qui figurent le prolongement de la base des buttes et qui disparaissent à quelques minutes de leur pied. Alors des cailloux roulés ou galets les remplacent, et cette succession devient de plus en plus évidente à mesure qu'on approche de Saint-Michel. Les ga-

dèls se trouvent soit dans les fossés, soit disséminés sur le sol : on voit aussi des pierres perforées
par des animaux marins, tels que des pholades.
D'ailleurs il n'est pas rare de rencontrer dans ces
marais, à une petite profondeur, des coquilles
mortes, parmi lesquelles des lavignons, des coques
ou sourdons (*cardium edule*), des moules, etc.,
mais peu d'huîtres; et dans les canaux, des coquilles vivantes bonnes à manger, principalement
dans les canaux qui traversent les bas-fonds du
sol, quoique généralement horizontal. En un mot
on y reconnaît tous les indices d'un long séjour
de la mer.

Parlons maintenant de la constitution des bancs
coquilliers. Ils sont formés : 1° d'une mince
couche de terre végétale; quelquefois même elle
manque, et par suite les coquilles sont à découvert; au reste, sa composition n'est point assez
compliquée et il n'y entre point assez d'humus,
pour alimenter une végétation vigoureuse; celle-ci
est tellement languissante que les moutons peuvent à peine y trouver leur pâture; 2° de coquilles
mêlées uniquement à un détritus résultant de
leur division ou de débris apportés par les eaux
dans lesquelles l'aglomération s'est effectuée. Ce
mélange, laissant beaucoup de vide, a produit
une matière incohérente; aussi ne résiste-t-elle
pas au moindre choc, puisqu'avec la main on
peut en faire tomber des quantités considérables.
Quoiqu'il n'y ait point encore de stratification évidente, après un examen attentif nous avons reconnu
que les coquilles sont disposées comme par suite
d'un dépôt et qu'il n'existe nullement de trace de
dislocation dans leur mode d'arrangement. L'eau,

les météores . atmosphériques , paraissent être les seuls agens qui ont exercé une influence posté-rieurement à leur formation : il faut donc ici écarter toute idée de soulèvement. De sorte que ces buttes diffèrent essentiellement de l'ancienne Plage de Plymouth, de celle de l'île de Jura, si-gnalée par le capitaine Vetch, du dépôt de Saint-Hospice près de Nice, du dépôt d'Uddevalla en Suède, d'autres en Sardaigne, en Amérique, etc., enfin de la côte située en Morée, et décrite par M. Boblaye : toutes ces masses ayant été élevées au dessus de leur niveau primitif par l'effet d'une force intérieure plus ou moins intense. Les buttes de Saint-Michel seraient plutôt analogues au banc d'huîtres indiqué par MM. Prony, Geoffroy Saint-Hilaire et Girard, en Egypte dans la vallée de l'E-garement. Néanmoins aucune coquille n'adhère au rocher d'oolithe inférieure.

Les coquilles qui constituent les buttes, sont sem-blables à celles qui vivent actuellement sur la côte voisine : les espèces dominantes comprennent l'huî-tre vulgaire (*ostrea edulis*), la moule commune (*my-tilus edulis*), le petit peigne à épines (*pecten varius*), (*anomia ephippium*). Outre les Acéphales, j'ai trouvé des Gastéropodes, entre autres le Buccin ondé (*Buc-cinum undatum*); j'ai même vu dans les couches supé-rieures l'*helix pellucida :* en un mot, on rencontre dans ce dépôt des coquilles identiques à celles qui accompagnent les bancs d'Huîtres vivantes du golfe de l'Aiguillon. Ces coquilles offrent divers accidens de conformation et sont dans divers états de dé-veloppement. Les unes paraissent presque cor-pusculaires, tandis que d'autres sont parvenues à leur dernier degré d'accroissement. Il semble qu'elles se sont multipliées sur place, et que les bancs ont été ainsi formés pendant leur vie, les deux valves de chaque coquille bivalve étant souvent liées et entières. Certaines n'ont point changé de couleur, un grand nombre ont pâli, d'autres enfin ont blanchi totalement; il en est aussi qui ont conservé toutes leurs formes, l'éclat de leur nacre, et qui renferment encore une substance animale, imitant le jaune d'œuf avancé et provenant de la désorganisation de la partie molle du mollusque. Elles se brisent généralement au moindre effort ; cependant celles qui ont été à l'abri du contact de l'air et de l'action des météores opposent de la résistance; au reste, elles adhèrent peu entre elles.

Les journaux avaient annoncé qu'en établissant un four propre à la calcination des coquilles, afin de les employer comme amendement après cette opération, on avait rencontré deux squelettes humains parfaitement conservés et de proportion extraordinaire aux crânes desquels les cheveux tenaient encore, et qu'ils avaient les pieds dirigés vers la mer. Tous les ossemens trouvés avaient été mis dans le cimetière, d'où ils furent bientôt retirés par les soins de M. P. David, qui, en nous les présentant, nous a assuré que c'étaient les seuls découverts. Si cela est vrai, les deux squelettes se réduisent à deux fémurs et à deux portions de mâchoires. Les cheveux attachés aux os, ainsi qu'aux coquilles sont simplement des fragmens d'hydrophytes méconnaissables ; nous présumons cependant qu'ils appartiennent au genre Ceramium. Nous avons obtenu le fémur droit et une portion de mâchoire. Nous allons donc parler d'après ce que nous possédons, puisque les autres restes correspondent aux nôtres.

Le fémur est de grandeur ordinaire, sa surface interne est d'un blanc verdâtre, et la surface antérieure jaunâtre ; il est assez bien conservé, néanmoins, il est léger, celluleux et a perdu en partie les principes gélatineux renfermés dans les mailles de son tissu. Sa tête, la cavité où se fixe le ligament interne de l'articulation de la cuisse, la cavité trochantérienne où s'attachent les muscles pyramidal, jumeaux, obturateurs, le grand et le petit trochanter, les condyles et leur tubérosité externe, enfin tous les liens d'attache, ainsi que la ligne âpre et les saillies sont très-prononcés, de sorte que les muscles devaient être très-développés et l'individu agile et robuste, mais de taille commune et de 30 à 40 ans. Le second os est le côté droit du maxillaire inférieur ; ses apophyses, l'échancrure sigmoïde, les dépressions, les sinus sont bien apparens ; la branche a été rompue postérieurement ; il ne reste que trois dents : deux grosses et une petite molaires. Cette dernière et la première grosse molaire sont cariées ; cependant l'émail est blanc, lisse, brillant. La première fausse molaire manquait long-temps avant la mort de l'individu ; car son alvéole est totalement fermé ; ceux des canines et des incisives le sont plus ou moins. De l'un nous avons arraché une coquille microscopique qui y paraissait implantée. Ce maxillaire était allongé, oblique, grêle, jaunâtre à la face externe et blanc verdâtre à l'intérieur ; il commençait à se solidifier et à changer de nature en se remplissant de matières étrangères ; enfin il doit se rapporter à un

homme moins fort et plus âgé que le premier.
D'ailleurs, tous ces restes humains sont contemporains des buttes et appartiennent à la race cau-
casique de même proportion que la nôtre. Cependant, s'ils étaient contemporains des dernières couches des buttes, a-t-on dit, ils auraient dû adhé-
rer aux coquilles. Or, il suffit d'étudier seulement
la constitution des buttes pour savoir qu'il est une
infinité d'endroits où les coquilles n'adhèrent
point entre elles et où l'on trouve une quantité
prodigieuse de *pecten varius* conservés dans leurs
moindres parties. Au surplus, en admettant que
l'objection fût fondée, les coquilles se seraient at-
tachées à la peau, aux muscles et non aux os des
hommes; puis la matière animale, en se décompo-
sant, aurait laissé les os libres. Enfin rien dans
l'histoire du pays n'indique l'inhumation de ces
hommes, inhumation qui, du reste, est contraire
aux idées religieuses des Vendéens et dont il res-
terait sans doute quelques souvenirs.

Le sol aux approches des bancs d'huîtres est
élévé de 3 m. 5o c. au dessus du niveau de la
mer; la couche sur laquelle gisaient les débris
humains est à 1 m. 3o c. au dessus du niveau du
sol, par conséquent à 4 m. 8o c. au dessus de la
mer. La couche qui les recouvrait avait 1 m. 1o c.
d'épaisseur vers le haut et seulement o m. 6o c.
vers le bas; du reste, ce dépôt était intact et avait
la même composition, la même stratification, la
même apparence, en un mot il était identique avec
toutes les autres parties de la colline. Les ossemens
étaient placés sur la pente S.-S.-O. de la première
butte, dont l'inclinaison est très-grande. Ils étaient
situés à quelques mètres de l'angle rentrant que

font les deux premières buttes représentées à droite de la figure 6 et qui sont vues du sud, c'est-à-dire en sens inverse de celles de la figure 5 ; ils étaient donc placés dans l'endroit où les vagues auraient naturellement dû les pousser. L'épaisseur de la couche de coquilles qui les couvrait a diminué depuis l'abandon de la mer en raison de la pente rapide de la butte, de l'incohérence des coquilles et du peu de végétation qui les surmonte.

On avait trouvé aussi il y a plusieurs années à vingt pas des bancs et à quatre ou cinq pieds au dessous de la superficie du marais, la carcasse d'un navire de 60 tonneaux au moins. Quant à la forme du bâtiment, à la nation qui l'avait construit, de semblables problèmes, comme on le pense, n'ont point été résolus. Il est donc fâcheux que cette trouvaille soit restée ignorée des antiquaires : il aurait été possible d'assigner l'époque à laquelle remontait ce fragment de l'industrie, et par suite celle pendant laquelle l'Océan venait baigner les pieds des buttes.

Saint-Michel en l'Herm est la seule localité dans l'ouest de la France où l'on trouve des buttes coquillières; mais on voit ailleurs des dépôts analogues et situés à un niveau peu élevé au dessus de la mer moyenne. Ainsi nous citerons, entre Beauvois et l'île de Bouin dans le marais occidental de la Vendée, des alluvions renfermant des bancs d'huîtres semblables à celles de Saint-Michel en l'Herm, ou bien des lits de galets et de sables. Ces dépôts varient en puissance, mais ils s'avancent très-loin dans les terres, ce qui démontre l'existence d'anciennes Plages d'une très-grande étendue et par conséquent l'abandon de la mer, tandis qu'autre part celle-ci a envahi des terrains qui étaient jadis à sec, pour gagner ce qu'elle avait perdu. Voilà donc des faits qui prouvent jusqu'à l'evidence, que la mer recule ou avance ses limites, et qu'elle l'a fait depuis l'apparition de l'homme sur le globe. (Voir au reste pour plus de détails ma notice sur l'île de Noirmoutier et mon ouvrage sur la Vendée.)

Avant d'entamer la question principale, c'est-à-dire celle de la formation des buttes et des dépôts analogues, nous devons faire connaître encore un dépôt tourbeux très-intéressant, et qui se lie d'une manière intime aux marais en général.

Depuis un temps immémorial on connaît l'existence de la tourbe fluvio-marine des Granges; mais, quoique nous ayons lu à peu près tous les ouvrages qui parlent de la Vendée, nous n'avons vu nulle part cette tourbe citée avant 1834, époque à laquelle nous avons présenté un mémoire au congrès de Poitiers; néanmoins des personnes ont voulu s'approprier la découverte de ce combustible.

Au-delà des dunes entre Les Granges et La Chaume, sur la portion des alluvions submergée par l'Océan, se montrent des tourbières fluvio-marines dont nous allons donner une description succincte.

Elles paraissent occuper, selon M. Coquand, un espace considérable, que les sables, qui les recouvrent vers la côte, réduisent à 860 toises de longueur environ sur 500 de largeur. Elles sont situées entre les stéaschistes au S., et le calcaire oolithique au N., et sont redevables de leur état de conservation à la protection que leur prêtent ces roches contre les érosions des lames. La tourbe est d'un brun-noirâtre,

formée par l'accumulation de diverses plantes, surtout marines, qui paraissent se rapporter à des *ulva*
et à des *fucus;* elle est composée de plusieurs couches qui, se divisant avec facilité, donnent à l'ensemble de la roche une apparence schisteuse. Les
parties les plus profondes présentent une matière
compacte, réduite à une pâté assez homogène, à
cassure terreuse, tandis que celles exposées à la surface, se distinguent par une couleur moins foncée,
et laissent apercevoir moins de décomposition dans
les plantes qui ont concouru à leur formation. Des-
séchée au soleil, la tourbe éprouve un retrait considérable qui fendille la masse en tous sens, et la
divise en feuillets racornis. Elle brûle avec facilité
en dégageant une mauvaise odeur et une fumée
blanche, et en donnant pour résidu une cendre
très-légère qu'on rendrait utile à l'agriculture.

La tourbe repose en bancs épais de 10 à 12 pou-
ces, sur un lit formé de terres d'alluvion, dans lequel on distingue, avec des fucus, des coquilles
d'eau douce (hélices, paludines), mêlées à des coquilles qui vivent dans la vase des marais salans (bu-
cardes, etc.), circonstance qui lui assigne le même
âge qu'aux terrains d'alluvion situés en-deçà des
dunes. Ce lit terreux participe de la nature de la
tourbe jusqu'à un certain point; si, comme elle, il
n'est point carbonisé, il renferme cependant, quoiqu'en moins grande quantité, des plantes marines
qui n'ont pas subi de décomposition. Il présente en
outre la structure schisteuse; mais il brûle avec
beaucoup de difficulté. On dirait une tourbe blan-
châtre, que des circonstances particulières auraient empêché de se carboniser comme celle qui
lui est superposée et qui constitue la véritable

tourbe. On ne saurait refuser à cette couche une formation analogue à celle des terrains d'alluvion, sur lesquels des coquilles terrestres auraient vécu, tandis que l'intérieur, pénétré d'eau salée, aurait permis à des espèces marines de s'y développer, comme on le voit encore à Sauveterre; ou bien il faudrait admettre que ces divers débris auraient été entraînés par la rivière d'Auzence dans la mer, au moment que celle-ci déposait les terres d'alluvion sur les côtes. Il est évident que le limon dont se composaient les premiers sédimens aura été un obstacle à la formation d'une tourbe sans mélange, laquelle n'aura pu devenir une véritable tourbe que lorsque le dépôt vaseux aura cessé : car dans la tourbe on n'aperçoit ni particules terreuses, ni corps étrangers, si ce n'est accidentellement des débris d'insectes appartenant au genre *cicindela*; ce qui ne doit pas étonner, puisque ces coléoptères vivent sur les bords de la mer. De quelque manière qu'on explique l'origine de cette couche tourbo-terreuse, il est visible qu'elle était devenue nécessaire à l'existence de la tourbe qu'on ne voit fixée ni sur le sable, ni sur les roches qui l'entourent. Le plan qui sépare le dépôt du lit sur lequel il s'appuie, est si uni, qu'il est impossible de ne pas reconnaître que la formation est de la même époque.

On expliquera, du reste, facilement la présence d'animaux terrestres dans cette tourbe, lorsqu'on verra, d'après l'orographie du pays, que des ruisseaux venaient verser leurs eaux, notamment après les pluies, dans le bassin où se formait la tourbe.

L'exploitation de cette substance, que la mer laisse à découvert pendant les grandes marées, ne consisterait qu'à l'extraire presque sans frais, en petites masses qu'on ferait sécher sur la côte, et qu'on emploierait ensuite à divers usages ; mais le parti le plus avantageux qu'on pourrait en tirer, serait sans contredit de la faire servir sur place, à la fabrication de la chaux, opération extrêmement facile et lucrative en même temps, puisque le calcaire repose près de la tourbe, et que la construction d'un four serait la seule dépense à laquelle exposerait cette spéculation. Le bénéfice atteindrait un chiffre d'autant plus important, que les chaufouriers de Vairé retirent les pierres calcaires des Granges, et qu'on éviterait, en les calcinant près des tourbières, les frais qu'entraînent et le transport des matériaux et l'achat du bois. Peut-être aussi serait-il avantageux de la soumettre à une forte pression pour la rapprocher de la houille, de la chauffer ensuite un peu, et de l'embarquer pour les besoins des divers pays littoraux.

Quelques familles pauvres de Saint-Martin-de-Brem, de La Gachère et des Granges, ont fait usage de la tourbe ; mais il paraît que l'odeur fétide qui s'en exhalait les a forcés à renoncer à ce mode de chauffage. On peut prédire néanmoins qu'à mesure que le bois deviendra rare dans le Bocage, les tourbes fluvio-marines acquerront plus d'importance aux yeux des populations voisines.

Comme l'origine des buttes coquillières est liée à celle des marais, il est indispensable de les traiter ensemble. Lorsque la retraite des eaux eut laissé la plaine à découvert (terrains du groupe oolithique), cette partie de notre continent s'avançait au moins jusqu'au pertuis Breton et même au-delà de l'île de Ré. Un grand laps de temps s'écoula, les choses se passant de cette manière et restant dans ces circonstances. Ensuite, à une époque qu'il est impossible d'assigner, postérieure cependant à la période géologique des terrains palæothériiques (tertiaires), probablement aussi à celle des blocs erratiques, puisqu'on en rencontre dans le Bocage, la plaine, les îles voisines, notamment dans l'île Dieu, et qu'on n'en voit aucun vestige dans les marais, la mer, agissant en sens contraire, envahit de nouveau une partie du sol qu'elle avait abandonné, le déchira et le creusa à une assez grande profondeur. Les terres hautes de Longeville, d'Angles, de Saint-Benoît, de Curzon, du champ Saint-Père, de la Couture, de la Bretonnière, de la Claye, de Loiroux, de Saint-Denis-du-Payré, de Chanais, de Magnils, de Sainte-Gemme, de Luçon, de Nalliers, de Mouzeuil, de Saint-Martin-sous-Mouzeuil, du Langon, du Poiré, de Montreuil, de Doix, de Maillezais, de Saint-Liguaire, du Rohan, de Courçon, de Marans, formaient la côte de cette nouvelle mer. Alors le cours des rivières qui se jettent dans le pertuis Breton et le golfe de l'Aiguillon, soit directement comme le Lay et la Sèvre, soit indirectement comme l'Autyse et la Vendée, était beaucoup moins prolongé qu'il ne l'est aujourd'hui, et les eaux incomparablement plus abondantes. Quelques parties du sol se trouvèrent assez élevées pour être à l'abri de l'inondation, ou assez solides pour résister à l'érosion. Il en résulta trois promontoires : le premier à la pointe de Saint-Denis-du-Payré, le second à celle du Gué-de-Véluire, et le troisième à l'E. de Marans. Il en résulta aussi un grand nombre de petites îles, dont les rapports géognostiques avec la plaine attestent l'identité d'origine. On distingue facilement seize.de ces îles : 1° celles de la Bretonnière; 2° de la Dive, sur la côte du golfe de l'Aiguillon ; 3° de Gruës ; 4° de Saint-Michel en l'Herm ; 5° de Triaize ; 6° de la Dune ; 7° du Vignaud (ces trois dernières dans la commune de Triaize et non loin des buttes coquillières); 8° de Champagné, Puyravaut et Sainte-Radegonde ; 9° de Moreilles ; 10° de Chaillé ; 11°. du Sableau ; 12° de Nesne ; 13° de Vouillé ; 14° de Vix ; 15° de Maillezais ; 16° d'Elle. On en voit plusieurs autres dans les marais de la rive gauche de la Sèvre, particulièrement celle où est bâtie la ville de Marans. Ces îles, élevées de 15 à 20 mètres au déssus des marais, sont généralement composées de bancs sensiblement horizontaux de calcaire oolithique inférieur.

L'île de la Dune est de même nature que celle de Saint-Michel. A l'île d'Elle, au niveau de l'Autyse, on trouve une marne schisteuse bleuâtre, avec quantité d'ammonites communes, de bélemnites à une gouttière, et des térébratules à un pli (*terebratula difformis*); et, sur celle-ci, trois mètres environ de marne jaunâtre, contenant également l'ammonite commune, puis un calcaire bleuâtre supérieur.

. Des dépôts de vases s'accumulèrent insensiblement au fond du golfe et formèrent sur la côte des attérissemens que la mer, par une retraite lente et continue, mit à découvert, ou du moins qu'elle ne couvrit plus que par intervalles et aux hautes marées de syzygies. Les rivières, en étendant leurs cours, versèrent leurs eaux sur la plage que la mer était forcée d'abandonner, et élevèrent successive-

ment le sol par le dépôt d'alluvions qu'elles char-
riaient. Des hydrophytes prirent naissance et se
multiplièrent sur un terrain si propice à la végétation ; de leurs débris se forma une première couche
de terre végétale, qui favorisa de plus en plus leur
multiplication ; et, après une longue suite de gé-
nérations, tour à tour effet et cause d'une végétation active et vigoureuse, les détritus accumulés
couvrirent d'une couche épaisse de terre végétale
la glaise compacte et stérile qui avait été laissée.
Telle est l'origine de cette vaste étendue de marais.

Ce qui se passe chaque jour sous nos yeux dans
le golfe de l'Aiguillon et relativement aux bancs
d'huîtres des environs de Moricq, porte à croire que
la retraite des eaux s'est opérée par une progression
lente et insensible; d'ailleurs, la quantité d'eau chas-
sée, très-minime relativement à la masse de l'Océan,
a été répartie facilement d'après les lois de l'hydro-
statique sans produire un phénomène notable sur
la mer. En effet, tous ceux qui savent observer
s'aperçoivent que les vases s'accumulent au fond
du golfe et principalement sur ses versans, où elles
constituent de nouveaux attérissemens qui exhaus-
sent la côte et qui la prolongent en forçant la mer
à reculer. Dès que le nouveau sol est assez élevé
pour n'être plus couvert qu'aux hautes marées des
syzygies, si l'on oppose une digue à l'Océan,
d'autres attérissemens se forment plus aisément et
plus promptement. C'est ainsi qu'on a calculé que
la mer abandonne, chaque année, une surface
de 3o hectares sur tout le prolongement du
golfe. Ce calcul qui paraît bien hypothétique, devient cependant très-probable en considérant l'é-
tendue des desséchemens effectués depuis 75 ans.

Si ce mouvement rétrograde de la mer ne change pas, il faudrait 4 siècles pour dessécher tout le golfe de l'Aiguillon, dont la superficie est au moins de 10000 hectares : la supposition de cet événement n'est point invraisemblable. Dans la même proportion il aurait fallu 4000 ans pour mettre à sec tous les marais qui sont l'objet de cet article ; mais l'on sent par combien d'accidens pareille opération de la nature a pu être accélérée ou retardée.

Des nivellemens nous démontrent qu'une partie du sol de nos marais est à peu près de niveau avec les marées moyennes, de 4 à 5 mètres au dessus des basses marées, et de 1 mètre 50 centimètres à 2 mètres au dessous des hautes marées des syzygies. Ainsi, pendant plusieurs siècles, la mer couvrait les marais cinq ou six fois à chaque nouvelle et pleine lune. Le lit du Lay, de la Sèvre niortaise et de leurs affluens, moins profond qu'il ne l'est maintenant, était encore moins capable de contenir les eaux de ces rivières, qui s'épanchaient sur une immense surface, n'offrant elle-même qu'un cloaque fangeux, source d'exhalaisons pestilentielles, et ne seprêtant à aucune espèce de culture. Certaines parties plus élevées se desséchaient naturellement pendant l'été, et la chaleur établissait une vive végétation sur cette vase molle et humide. Une telle observation fit présumer sans doute qu'en facilitant, par des moyens artificiels, l'écoulement des eaux, le desséchement annuel serait plus complet et durerait plus long-temps. Voilà le motif des premières tentatives exécutées pour le desséchement de nos marais. Nous manquons de monumens historiques pour fixer avec précision l'époque de ces premiers essais; mais il est probable que les deux premiers, relatifs à ce genre d'industrie, sont le canal de Moricq et celui de Luçon. Avant le creusement du canal de Luçon, les eaux de la Sèvre et du Lay, grossies par celles de leurs affluens, se répandaient sur toute la plage marécageuse, aussi loin qu'elles pouvaient s'étendre, et devaient souvent se confondre. Les levées du canal de Luçon leur opposèrent une barrière qu'il leur fut désormais impossible de franchir; le marais se divisa donc en deux parties qui n'eurent plus ensemble aucune liaison; la partie orientale comprit le bassin de la Sèvre, la partie occidendale celui du Lay.

D'après ce qui précède, on conçoit comment, au milieu des eaux de la mer, des coquilles ont pu vivre, se multiplier, se réunir, principalement en un lieu plus propice à leur existence, et y former des amas considérables qui ont été ensuite mis à nu par la retraite des eaux, comme le terrain qui a servi de base aux marais, et dans lequel sont disséminés des coquilles modernes semblables et intactes. On conçoit aussi comment des débris humains, des plantes ou toute autre chose de pareille époque ont été enveloppés par des coquilles; et comment enfin des fragmens de l'industrie ont été enfouis dans les marais à une certaine profondeur, ainsi qu'on en a trouvé dans divers endroits et tout récemment encore près d'Aigues-Mortes, département du Gard.

En résumé, les bancs coquilliers de Saint-Michel en l'Herm se sont donc formés dans l'eau en même temps que les parties inférieures des marais; les causes qui les ont produits sont analogues à celles

de nos jours et indépendantes de soulèvemens ;
ces bancs sont contemporains des ossemens humains, et ils appartiennent par conséquent à l'é-
poque historique postérieure aux blocs erratiques.

Dès-lors nous voyons, d'après les considérations
précédentes, que les opinions exclusives en géologie sont souvent erronées ; car nous venons de
prouver, sans invoquer de grandes causes, que
des dépôts ont pu et peuvent encore aujourd'nui
se former au sein de la mer, et se trouver plus
tard éloignés des côtes, ainsi qu'à des niveaux supérieurs à celui de l'Océan. Or, tel n'est pas cependant le sentiment d'un grand nombre de géologues en renom. Seront-ils convaincus à présent
sur cette importante question? Nous devons l'es-
pérer.

FIN.